Exposition nationale de l'Industrie de 1839,

MÉDAILLE D'OR.

EXPOSITION DE 1834.	EXPOSITION DE TOULOUSE.
Médaille d'argent.	Médaille d'or.

ATHÉNÉE

DES ARTS.

Médaille d'honneur.

CHARRIÈRE,

FABRICANT D'INSTRUMENTS DE CHIRURGIE,

FOURNISSEUR

de la Faculté de Médecine de Paris, des Hôpitaux civils et militaires,
de plusieurs Universités étrangères, etc.

* * *

TROUSSES-AGENDA.

TROUSSES EN GÉNÉRAL. — LANCETTIERS. — STÉTHOSCOPES. — PLESSIMÈTRES.
— VENTOUSES A POMPE MODIFIÉES. — VENTOUSES JUNOD. —
SCARIFICATEURS A RESSORT MODIFIÉS. — NOUVELLE FILIÈRE, ETC.

NOUVELLES MODIFICATIONS

de la plupart des instruments qu'on place dans les trousses, etc.

PARIS,

CHEZ CHARRIÈRE,

Rue de l'École-de-Médecine, 6.

1844.

OBJETS DIVERS.

BIBERONS
ET BOUTS DE SEIN EN IVOIRE FLEXIBLE.

Prix des Biberons.

	fr.	c.
Flacon en cristal, mamelon en ivoire flexible monté sur bois.	6	»
Flacon en cristal, mamelon tout ivoire.	10	»
Flacon de rechange en cristal.	1	5o

Prix des Bouts de sein.

	fr.	c.
Mamelon en ivoire flexible, monté sur bois.	4	»
Mamelon d'une seule pièce, tout ivoire.	7	»
Bout d'ivoire de rechange.	1	5o

Nota. Ces appareils peuvent être facilement employés sans être démontés.

J'ai imaginé un moyen très-simple, et à la portée de tout le monde, pour empêcher le lait d'affluer avec trop d'abondance dans la bouche des enfants. Ce moyen consiste à *coiffer* d'un linge la partie inférieure du bouchon, avant de l'introduire dans la carafe. Suivant que les fils de ce linge seront plus ou moins serrés, le lait, filtrant à travers, sortira avec plus ou moins d'abondance; on aura ainsi une espèce de régulateur de la plus grande simplicité. De plus, ce linge, représentant en quelque sorte un crible, ne laissera arriver dans la bouche de l'enfant qu'un lait pur et dégagé de toute espèce de corps étrangers.

Indépendamment du rapport très-favorable voté par l'Académie royale de Médecine, dans sa séance du 19 mai 1840, l'Athénée des Arts, dans son assemblée générale du 9 mai 1841, m'a accordé une MÉDAILLE D'ARGENT, à la suite du rapport de M. Billard sur les Biberons, les Bouts de sein et autres instruments en ivoire flexible. Une même médaille m'a été décernée par l'*Académie d'industrie.*

Garde-lait de tous modèles.

Pompe simple à courant régulier, sans réservoir d'air.

Prix.

La pompe, le tuyau flexible et

la canule en ivoire, sans

	fr.	c.
boîte.	12	»
Pompe composée des mêmes pièces, et placée dans une boîte en bois de citronnier où en fer-blanc.	15	»
La même, plus la canule à injections en gomme, et une échelle en corne.	17	»
La même, plus une canule droite en gomme, avec une échelle en étain.	18	»
Pompe complète, munie de tous ses accessoires.	20	»
Un pied en plomb, s'adaptant à toutes les formes de cette pompe.	4	

Injecteur, ou nouvelle seringue très-portative.

Nouveau modèle de seringue, servant avec son robinet à double effet, à tous usages.

Nouveau piston à double parachute, de Charrière, applicable à toutes pompes et seringues, et faisant un vide parfait.

Nouvelles dragues de sauvetage.

Nouvelles boîtes pour secours aux asphyxiés, renfermant de nouveaux instruments, avec notice explicative et figures.

Appareils de M. le Dr Donné pour les cors et œils de perdrix, de 5 à 8 fr.

Cordons porte-voix pour voitures.

Nouvel affiloir pour rasoirs, de 3 à 4 fr.

Bougies, pessaires, canules, pois à cautère, etc., en ivoire flexible.

Nouveaux cornets acoustiques pour surdité, très-portatifs.

Appareil incubateur de M. le Dr Jules Guyot.

Jambes artificielles de tous modèles.

Bandages de tous modèles.

Appareils à fractures, id.

Béquilles, nouveau modèle.

Appareils pour pieds-bots de tous auteurs.

M. Charrière en a confectionné un qui sert pour tous les âges.

Sacs d'ambulance pour l'infanterie, et sacoches pour la cavalerie.

M. Charrière a été chargé par M. le Ministre de la guerre de fournir ces sacs et ces sacoches à toute l'armée.

Écrire franco.

TROUSSES-AGENDA

ET TROUSSES EN GÉNÉRAL.

L'époque du renouvellement de l'*Agenda médical* m'engage à publier quelques renseignements sur un modèle de trousses dites *trousses-agenda*, qui n'est pas encore assez généralement connu, et qui cependant, de l'aveu des praticiens qui l'ont examiné, réunit toutes les conditions désirables. Je profiterai de cette circonstance pour donner aussi un extrait de mon *Catalogue* sur les trousses en général.

Ayant été chargé, il y a environ un an, par M. le Ministre de la guerre, de confectionner le modèle des trousses de giberne pour MM. les Chirurgiens de l'armée, je me suis occupé avec le plus grand soin de cette question, et je crois pouvoir dire que j'ai atteint le but, car mon modèle a été adopté. Actuellement les trousses de giberne renferment, sous un très-petit volume, un nombre suffisant d'instruments.

Je ne puis entrer ici dans des détails sur les modifications que j'ai récemment apportées dans la fabrication des instruments qu'on peut placer dans les trousses. Je me suis borné à mentionner quelques notes dont MM. les Chirurgiens pourront apprécier la valeur. Je serai plus complet sur ce point dans une autre circonstance.

Il n'y a pas longtemps encore que les trousses un peu complètes offraient un volume tellement considérable, qu'on était embarrassé pour les porter continuellement sur soi. Aujourd'hui il existe une modification très-avantageuse sous ce point de vue, pour toutes les trousses en général. Quelques détails suffiront pour faire sentir les principaux avantages de cette modification, *pour les trousses-agenda en particulier.*

Ce modèle de trousses est composé de deux pliants : sur l'un sont placés les instruments, au-dessous duquel existe une poche pour les lancettes, les aiguilles et les fils, et sur l'autre deux poches assez grandes pour contenir des papiers. Entre ces deux pliants on place l'*Agenda-médical*. Sur le pliant destiné aux instruments, je place facilement les pièces suivantes :

Nº 1. — 2 bistouris.
   2. — 1 paire de ciseaux.
   3. — 1 pince à pansements.
   4. — 1 pince à artères.
   5. — 1 spatule.
   6. — 3 stylets assortis.
   7. — 1 sonde cannelée.
   8. — 1 porte-mèche.
   9. — 1 sonde pour homme et femme.
 10. — 1 trocart explorateur.
 11. — 1 porte-pierre à crayon ou de tout autre modèle.
 12. — 4 ou 6 lancettes.
 13. — 4 ou 6 aiguilles à sutures.

Il arrive même fréquemment de placer dans ces trousses quelques autres pièces, surtout en confectionnant les bistouris à deux lames sur le même manche. Du reste, ces instruments suffisent pour les cas ordinaires.

Pour satisfaire aux différents besoins, j'ai adopté, pour ces porte-feuilles comme pour toutes les trousses en général, cinq longueurs différentes : 11 centimètres (4 pouces); 12 centimètres (4 pouces 1/2); 13 centimètres 1/2 (5 pouces); 15 centimètres (5 pouces 1/2); 16 centimètres (6 pouces).

J'en fournirais de plus ou moins grande, si on m'en faisait la demande.
Je ne propose ces mesures que pour faciliter la correspondance. J'ajouterai
que celles de 13 centimètres (5 pouces) à 15 centimètres (5 pouces 1/2)
sont le plus généralement demandées. Les instruments étant appropriés
à ces différentes longueurs, sans rien perdre de leur solidité, il y a un
autre avantage, c'est qu'elles me permettent de placer dans le porte-feuille
l'*agenda* que l'on choisira.

L'*agenda* est maintenu dans le porte-feuille, soit par un lacet de soie,
soit par une broche en maillechort ou en argent, etc., qui vient se fixer
à deux anneaux d'un dossier en métal. Dans cette broche, je place deux
aiguilles à acupuncture.

On voit, d'après ce que je viens de dire, combien ces trousses sont
avantageuses. J'ajouterai qu'on peut leur donner tout le luxe désirable,
soit dans la confection des porte-feuilles, soit dans les instruments qu'on
désire. Je me conformerai à cet égard aux demandes qui me seront faites.
Pour le prix des instruments, je renvoie aux listes suivantes.

Prix des Trousses porte-feuilles vides.

		fr.	c.	fr.	c.
N° 1.	Trousse porte-feuille, en maroquin, fermant à pattes.	6	» à	10	»
2.	*La même*, avec fermoir en maillechort.	7	» à	10	»
3.	*La même*, avec fermoir en argent.	10	» à	12	»
4.	Trousse porte-feuille, en cuir du Levant ou de Russie, fermant à pattes.	9	» à	12	»
5.	*La même*, avec fermoir en maillechort.	11	» à	13	»
6.	*La même*, avec fermoir en argent.	14	» à	16	»

Je ne pousserai pas plus loin cette nomenclature; je dirai seulement
que j'en fais avec des fermoirs intérieurs pour maintenir fermées les pattes
de la trousse. Sur ces fermoirs, qui sont, du reste, plus ou moins riches,
on peut graver toute espèce de chiffres, etc. On fait souvent aussi des
gravures en cachet sur le porte-pierre, etc.

Je ne crois pas nécessaire d'indiquer ici tous les modèles de trousses
dont nous venons de donner précédemment les longueurs; je serais forcé
d'entrer dans de trop longs détails. Mais je peux réunir dans une trousse
à deux pliants tous les instruments qu'on place ordinairement dans les
trousses à trois pliants. Cette disposition rend la trousse beaucoup moins
épaisse, et par conséquent plus portative.

Je ne crois pas devoir insister davantage sur ces modifications, qui,
quoique futiles en apparence, ne laissent pas d'avoir une importance réelle.

En donnant huit compositions de trousses à la suite de la liste générale
des divers instruments qui peuvent être placés dans les porte-feuilles, je
n'ai pas eu la pensée de présenter des modèles à suivre; je n'ai voulu
qu'indiquer quelques-unes des compositions qui sont le plus généralement
adoptées. J'en ai confectionné quelquefois de plus complètes que le n° 8;
dans ce cas, j'ai placé des instruments sur les deux côtés d'un ou de deux
pliants.

Les procédés de MM. Elkington et Ruolz, pour la dorure et l'argenture,
ayant été l'objet d'un rapport très-favorable fait à l'Académie des sciences,
par M. Dumas, nous en ferons l'application à divers instruments de chirurgie
et coutellerie, et nous réduirons les prix en raison des avantages qu'offriront ces procédés.

INSTRUMENTS

QU'ON PEUT PLACER DANS LES TROUSSES.

BISTOURIS (1).

	fr. c.	fr. c.
Bistouris droits, mousses, boutonnés ou pointus, *de tous modèles*, manche en corne noire.	1 » à	3 »
Les mêmes, manche en ivoire.	1 50 à	3 50
Les mêmes, manche en écaille.	3 » à	6 »
Les mêmes, manche en nacre.	4 » à	8 »
Bistouris convexes, de tous modèles, manche en corne noire.	1 » à	3 »
Les mêmes, manche en ivoire.	1 50 à	3 50
Les mêmes, manche en écaille.	3 » à	6 »
Les mêmes, manche en nacre.	4 » à	8 »
Bistouris courbes, mousses, boutonnés ou pointus, *de tous modèles*, manche en corne noire.	1 50 à	5 »
Les mêmes, manche en ivoire.	2 » à	5 »
Les mêmes, manche en écaille.	4 » à	7 »
Les mêmes, manche en nacre.	5 » à	10 »

BISTOURIS SPÉCIAUX (2).

	fr. c.	fr. c.
Bistouris pour l'opération de la fistule à l'anus.	8 » à	15 »
Bistouri de J.-L. Petit, pour les fistules lacrymales. . .	3 50 à	6 »
Bistouri d'A. Cooper.	2 » à	8 »
Bistouri de Dubois.	2 » à	6 »
Bistouri de Dupuytren.	2 » à	8 »
Bistouri de M. Baudens, pour l'excision des amygdales.	4 » à	12 »
Bistouri de M. Blandin, pour le même usage.	4 » à	10 »
Bistouri de M. Foullioy.	3 » à	6 »
Bistouri de M. Gerdy.	3 » à	7 »
Bistouri de M. Larrey.	2 50 à	7 »
Bistouri de M. Récamier.	4 » à	8 »
Bistouri pharyngotome à gaîne, du même auteur. . . .	10 » à	20 »
Bistouri de Vacca.	4 » à	7 »
Bistouris scarificateurs, *de tous modèles*.	3 » à	7 »
Bistouri à fort dos, pour désarticulation des phalanges, etc.	2 » à	8 »
Bistouri à rainure (modèle Charrière).	4 » à	7 »

RASOIRS.

	fr. c.	fr. c.
Rasoirs, manche en corne noire.	1 50 à	3 50
Rasoirs, manche en ivoire.	2 » à	4 »
Rasoirs, manche en écaille.	4 » à	8 »
Rasoirs, manche en nacre.	5 » à	12 »

(1) Les bistouris ont une longueur et une largeur appropriées aux différents usages auxquels ils sont destinés. Il existe, d'ailleurs, un très-grand nombre de modèles de ces instruments, modèles que je ne puis mentionner ici, mais qu'on trouvera indiqués dans mon Catalogue général. Je me bornerai à dire que lorsqu'on désire placer beaucoup d'instruments dans une trousse, je confectionne les bistouris à deux lames sur le même manche.

(2) On trouvera mentionnés dans mon Catalogue, à chaque opération, ces bistouris, dont je ne puis indiquer ici qu'un certain nombre de modèles.

*

CISEAUX (1).

			fr. c.	fr. c.
N° 1. —	Ciseaux droits,	en acier.............	2 » à	3 »
2. —	id.	en argent...........	10 » à	14 »
3. —	id.	en vermeil..........	14 » à	18 »
4. —	Ciseaux courbes sur le plat,	en acier.....	2 50 à	3 50
5. —	id.	en argent.....	10 » à	14 »
6. —	id.	en vermeil...	14 » à	18 »
7. —	Ciseaux courbes sur le côté,	en acier.....	2 50 à	3 50
8. —	id.	en argent.....	10 » à	14 »
9. —	id.	en vermeil...	14 » à	18 »
10. —	Ciseaux coudés à angle,	en acier.....	3 » à	5 »
11. —	id.	en argent.....	11 » à	15 »
12. —	id.	en vermeil...	15 » à	19 »
13. —	Ciseaux à bec-de-lièvre,	en acier......	4 » à	6 »

PINCES.

			fr. c.	fr. c.
N° 1. —	Pinces à pansements,	en acier (modèle ordin.)..	1 50 à	2 »
2. —	id.	en argent (même modèle).	10 » à	15 »
3. —	id.	en vermeil (même modèle)...	14 » à	18 »
4. —	Pinces à pansements,	en acier (modèle Charrière) (2)..	3 » à	4 »
5. —	id.	en argent (même modèle).	14 » à	18 »
6. —	id.	en vermeil (même modèle)...	18 » à	22 »
7. —	Pinces à dissection,	en acier............	» 75 à	3 »
8. —	id.	en argent..........	6 » à	9 »
9. —	id.	en vermeil.........	10 » à	14 »

---

(1) Tels qu'ils étaient confectionnés, les ciseaux en argent offraient un inconvénient que MM. les Chirurgiens m'avaient signalé à différentes reprises. La partie d'argent ne se trouvant unie à la partie d'acier qu'à l'aide d'un ciment, il n'était pas rare de voir, après un temps très-court, ces deux parties se *décimenter*; aussi MM. les Chirurgiens avaient presque généralement renoncé à en faire usage. La modification que j'ai apportée dans cet instrument met à l'abri de toute espèce d'accidents de ce genre. Les deux parties d'argent sont unies aux deux parties d'acier, de telle sorte que, s'emmanchant exactement l'une dans l'autre dans toute leur longueur, et étant soudées d'une manière complète, l'instrument est aussi solide sur ce point que partout ailleurs. Je crois devoir dire que tous ceux de MM. les Chirurgiens qui en ont fait usage m'ont dit s'en être très-bien trouvés.

(2) Les pinces à pansements sont généralement confectionnées à entablure passée une partie simple dans une partie double. Je me suis convaincu que ce mode de confection n'offre pas une solidité convenable, surtout pour cet instrument, qui est destiné, dans quelques cas, à supporter une force assez considérable. Depuis plusieurs années, j'ai déjà obvié en partie à cet inconvénient, en assemblant les deux branches de l'instrument à entablure par moitié. Ainsi disposées, ces pinces pouvaient supporter une force beaucoup plus considérable que les anciens modèles; mais je dois dire que, confectionnées en acier trempé en ressort, elles offrent une solidité à toute épreuve. Ce qui m'avait arrêté, jusqu'à ce jour, à généraliser ce mode de confection, c'est qu'il fallait en élever le prix. Cependant j'ajouterai que, plus tard, ces dernières pinces, par l'habitude qu'acquerront les ouvriers pour les fabriquer, pourront subir une diminution dans le prix.

Je fais des pinces à pivot et à clou.

			fr. c.		fr. c.
N° 10. —	Pinces à artères, à coulant, en acier	2 »	à	4 »
11. —	id.	en argent	5 »	à	12 »
12. —	id.	en vermeil	12 »	à	18 »
13. —	id. à ressorts, en acier	3 »	à	4 »
14. —	id.	en argent	10 »	à	14 »
15. —	id.	en vermeil	13 »	à	18 »
16. —	Pinces à torsion, en acier	5 »	à	7 »
17. —	id.	en argent	14 »	à	18 »
18. —	id.	en vermeil	15 »	à	20 »
19. —	Pince porte-charpie de M. Ricord	8 »	à	16 »
20. —	Pince érigne de divers modèles	4 »	à	17 »

Toutes les pinces à artères sont disposées pour empêcher la déviation des mors.

SPATULES.

N° 1. —	Spatule ordinaire, en acier	» 75	à	1 50
2. —	id.	en argent	6 »	à	8 »
3. —	id.	en vermeil	8 »	à	10 »
4. —	Spatule cannelée, en acier	1 »	à	2 »
5. —	id.	en argent	6 »	à	9 »
6. —	id.	en vermeil	8 »	à	11 »
7. —	Spatule flexible, en acier	1 25	à	2 »
8. —	id.	en argent	6 »	à	8 »
9. —	id.	en vermeil	8 »	à	12 50
10. —	Spatule avec filière en argent	12 »	à	14 »
11. —	id.	en vermeil	14 »	à	16 »
12. —	Spatule (modèle de M. Vidal de Cassis), en acier	1 50	à	3 »
13. —	id. id.	en argent	7 »	à	8 »
14. —	id. id.	en vermeil	10 »	à	12 »

STYLETS, PORTE-MÈCHE.

N° 1. —	Stylets aiguillés, cannelés, très-minces, *de divers modèles*, en acier	» 40	à	» 50
2. —	id. id.	en argent	1 25	à	2 »
3. —	id. id.	en vermeil	2 »	à	3 »
4. —	Porte-mèche, en acier	» 40	à	» 50
5. —	id.	en argent	1 50	à	2 50
6. —	id.	en vermeil	2 50	à	3 50

SONDES.

N° 1. —	Sonde cannelée, avec ou sans cul-de-sac, en acier	» 75	à	1 50
2. —	id. id.	en argent	3 »	à	5 »
3. —	id. id.	en vermeil	5 »	à	7 »
4. —	Sonde de femme, en maillechort	1 »	à	1 50
5. —	id.	en argent	2 50	à	3 50
6. —	id.	en vermeil	3 50	à	5 »
7. —	Sonde pour homme et femme (modèle ordinaire), en maillechort	4 »	à	5 »
8. —	id. id.	en argent	8 »	à	10 »
9. —	id. id.	en vermeil	11 »	à	13 »
10. —	id. (modèle Charrière) (1), en maillechort	5 »	à	6 »

(1) Quoique la sonde à vis, imaginée depuis une vingtaine d'années, ait le grand avantage d'être portative dans une trousse, et de pouvoir servir en

	fr. c.	fr.

N° 11. — Sonde pour homme et femme (modèle Charrière), en argent. 8 » à 11 »

12. *id.* *id.* en vermeil. . . . 12 » à 15 »

Avec les sondes pour homme et femme, on me demande quelquefois un bout de sonde pour enfant et un bout de sonde droit pour homme.

13. — Sonde de Belloc, en maillechort. . . . . . 4 » à 5 »

14. — *id.* en argent . . . . 7 » à 9 »

15. — *id.* en vermeil. . . . . 10 » à 13 »

16. — Sonde de poitrine, en acier. . . . . 1 » à 1 50

17. — *id.* en maillechort. . . . . . 1 50 à 2 »

18. — *id.* en argent. . . . . 4 » à 5 »

19. — *id.* en vermeil. . . . . . . 6 » à 8 »

AIGUILLES.

Aiguilles à séton, sans châsse . . . . 1 50 à 2 »

id. avec châsse (divers modèles). . . . . 2 50 à 6 »

id. montée comme un bistouri, et à lame
mobile comme celle de M. Jacquemin. 5 » à 12 »

Aiguilles à suture, *de tous modèles*, trempées en ressort (1). » 40 à » 75

Aiguilles à bec-de-lièvre, en acier. . . . . » 50 » »

id. en argent, modifiée par Charrière. 1 » à 1 50

id. en or. . . . . *id.* . . . . 2 50 à 4 »

Épingles disposées pour sutures; le cent. . . . . . . » 50 » »

Porte-fil pour ligatures, en corne ou en écaille. . . . . 1 50 à 3 »

Aiguilles d'A. Cooper, en acier. . . . . 4 » à 7 »

id. en argent. . . . . 8 » à 12 »

Tenaculum avec ou sans chat. . . . . 2 » à 6 »

Trocart explorateur, avec ou sans gaîne. . . . . . . 2 50 à 6 »

Érigne *de tous modèles*. . . . . 2 » à 8 »

Pharyngotome, en maillechort. . . . . 6 » à 12 »

id. en argent. . . . . 12 » à 20 »

id. en vermeil. . . . . 16 » à 24 »

même temps au cathétérisme de l'homme et de la femme, cependant tous les chirurgiens se plaignaient de la facilité avec laquelle peuvent dévier les deux parties dont se compose l'instrument. En effet, soit pour l'introduire dans la vessie, soit pour l'en retirer, on est guidé par la plaque ou par les anneaux dont le plan doit toujours être parallèle à la direction de la sonde. Mais comme il arrive pour toutes les pièces à vis soumises à un emploi fréquent, au bout d'un certain temps le pas de vis ou l'écrou finissent par s'user, et alors, ou bien les deux parties de l'instrument ne sont plus solidement fixées, ou bien le plan formé par les anneaux n'est plus parallèle à l'axe de la sonde (car jamais cette usure de la vis ne va jusqu'à permettre de faire un tour complet). Dans le premier cas, le chirurgien ne pourra se permettre dans la vessie la moindre manœuvre sans crainte de voir la sonde se diviser en partie, ou pincer la muqueuse; dans le second, c'est-à-dire si le parallélisme du bec et du pavillon n'est pas complet, le cathétérisme est très-difficile, surtout par des mains inexpérimentées, et on risque de faire des fausses routes.

Ces inconvénients, souvent signalés par MM. les Chirurgiens, m'ont porté à chercher une modification qui, tout en conservant à la sonde de trousse des dimensions ordinaires, rendît cependant toute déviation impossible par l'usage de la vis, et empêchât même qu'une fois dans la vessie, elle ne pût jamais se dévisser. Mon modèle, qui a généralement été adopté, remplit parfaitement ces indications.

(1) Je fais tremper ces aiguilles en ressort, pour empêcher que leur pointe ne fléchisse, inconvénient qu'on observe fréquemment lorsqu'elles ne sont point trempées. Ces dernières, il est vrai, peuvent être livrées à moitié prix des précédentes; mais on est loin de trouver des avantages à ce bon marché.

PORTE-PIERRE.

	fr.	c.	fr.	c.
Porte-pierre en argent, avec étui en ébène......	1	25 à	1	75
id. avec étui en corne noire, cerclé et goupillé en argent (modèle Charrière)......	2	» à	2	50
Porte-pierre tout en argent, simple, *de tous modèles*.	6	» à	9	»
id. (modèle Charrière (1))..	10	» à	18	»
Le même, en vermeil...................	14	» à	22	»
Porte-pierre à crayon, avec pincettes en argent (modèle Charrière).....	9	» à	17	»
Le même, en vermeil (même modèle)........	14	» à	22	»

LANCETTES.

	fr.	c.	
Lancettes en corne blonde................	1	» à	
id. noire................	1	25 à	
Lancettes en écaille....................	1	50 à	
Les lancettes disposées pour la vaccine sont du même prix.			
Lancettes à abcès, en corne blonde..........	1	30 à	
id. en corne noire..	1	75 à	
id. en écaille...........	2	25 à	
Lancettes à tranchant limité (modèle de M. Malgaigne).	1	25 à	
Lancettes à gaîne (modèle de M. Colombat)......	2	50 à	
Lancettes à ressort *de tous modèles*...........	10	» à	

(1) *Modification dans la confection des porte-caustiques et des porte-pierre, par M.* CHARRIÈRE, *fabricant d'instruments de chirurgie.*

« Tels qu'on les confectionne généralement, les porte-caustiques sont composés de plusieurs pièces réunies entre elles à l'aide de soudures appropriées, Or, ces soudures se trouvant fréquemment en contact avec le nitrate d'argent dissous par l'humidité, sont promptement détruites. Tous les praticiens savent que souvent l'instrument se désassemble sur un des points soudés, accident qu'on a vu quelquefois survenir pendant l'opération. C'est ainsi que, tout récemment encore, en cautérisant l'urètre, une portion du porte-caustique est restée dans la partie postérieure de l'urètre et même dans la vessie.

« Il suffit de mentionner de pareils faits pour faire sentir toute l'importance qu'il y avait à faire disparaître ce vice de confection, qui pouvait donner lieu à des accidents qu'il n'est pas nécessaire d'énumérer ici. Déjà M. Charrière s'était appliqué à faire quelques améliorations sur ce point; mais ses premiers essais ne lui avaient pas procuré un résultat tout à fait satisfaisant. Il s'est enfin convaincu que le meilleur moyen, pour atteindre le but qu'il se proposait, consistait à faire disparaître toute espèce d'assemblage. Cette modification ne donne pas seulement à l'instrument une plus grande solidité, mais elle s'oppose encore à l'oxydation, dont tous les praticiens reconnaissent les inconvénients. En conséquence, les porte-caustiques qui sortent actuellement des ateliers de M. Charrière sont confectionnés sans aucune espèce de soudure, soit dans la tige, soit dans le tube. Le même fabricant a fait l'application de ce principe dans la confection des porte-pierre de tout genre, et il en a retiré de si bons avantages, qu'il en fait aussi usage dans la fabrication de certaines sondes métalliques dont on a besoin de varier les courbures suivant les circonstances. Chacun sait, en effet, que ces derniers instruments sont soudés suivant leur longueur, et qu'ordinairement, après un certain temps, ces soudures s'aplatissent, et donnent aux sondes une forme irrégulière. En faisant disparaître cet inconvénient, M. Charrière a rendu un nouveau service aux praticiens. Ce fabricant applique le même principe à la confection des canules à trachéotomie, ainsi qu'à toutes espèces de canules destinées à séjourner dans les tissus.

» Nous ne croyons pas qu'il soit nécessaire d'insister davantage sur ces diverses modifications; les praticiens en comprendront facilement toute l'importance. »

(Gazette des Hôpitaux.)

MODÈLES DE TROUSSES.

TROUSSE N° 1.

N° 1. — 1 bistouri.
  2. — 1 paire de ciseaux.
  3. — 1 pince à artères.
  4. — 1 stylet.
  5. — 1 porte-mèche.
  6. — 1 porte-pierre.
  7. — la trousse.

	fr.	c.	fr.	c.
Cette trousse, avec instruments au poli ordinaire. . . .	10	» à	15	»
La même, le bistouri manche d'ivoire ou en corne noire, instruments au beau poli. . .	20	» à	25	»
La même, manche en écaille, instruments au beau poli.	25	» à	30	»
La même, id. id. en argent.	50	» à	65	»
La même, id. ou en nacre, instruments en vermeil.	68	» à	80	»

TROUSSE N° 2.

N° 1. — 2 bistouris. . . . . . .
  2. — 1 paire de ciseaux.
  3. — 1 pince à pansement.
  4. — 1 pince à artères.
  5. — 1 spatule.
  6. — 2 stylets.
  7. — 1 sonde cannelée.
  8. — 1 porte-pierre.
  9. — la trousse.

	fr.	c.	fr.	c.
Cette trousse, avec instruments au poli ordinaire. . . .	14	» à	18	»
La même, manches d'ivoire ou en corne noire ; instruments au beau poli.	24	» à	28	»
La même, manches en écaille, instruments au beau poli.	26	» à	30	»
La même, id. id. en argent.	70	» à	90	»
La même, id. id. en vermeil.	110	» à	130	»

TROUSSE N° 3.

N° 1. — 2 bistouris.
  2. — 1 paire de ciseaux.
  3. — 1 pince à pansements.
  4. — 1 pince à artères.
  5. — 1 spatule.
  6. — 3 stylets.
  7. — 1 sonde cannelée.
  8. — 1 sonde pour homme et femme.
  9. — 1 porte-pierre.
  10. — la trousse.

	fr.	c.	fr.	c.
Cette trousse, avec instruments au poli ordinaire. . . .	20	» à	25	»
La même, manches d'ivoire ou en corne noire ; instruments au beau poli.	34	» à	38	»
La même, manches en écaille, instruments au beau poli.	38	» à	42	»
La même, id. id. en argent.	90	» à	105	»
La même, id. ou en nacre, id. en vermeil.	130	» à	135	»

TROUSSE N° 4.

N° 1. — 3 bistouris.
  2. — 2 paires de ciseaux.
  3. — 1 pince à pansements.
  4. — 1 pince à artères.
  5. — 1 spatule.
  6. — 3 stylets.
  7. — 1 sonde cannelée.
  8. — 1 sonde de femme.
  9. — 1 rasoir.
 10. — 1 porte-pierre.
 11. — la trousse.

	fr.	c.	fr.	c.
Cette trousse, avec instruments au poli ordinaire....	22	» à	25	»
La même, manches en corne noire ou en ivoire; instruments au beau poli..	35	» à	40	»
La même, manches en écaille, instruments au beau poli.	40	» à	45	»
La même, id. id. en argent..	110	» à	120	»
La même, id. ou en nacre, id. en vermeil..	190	» à	210	»

TROUSSE N° 5.

Cette trousse renferme les mêmes instruments que la précédente, n° 4 : seulement, au lieu d'une simple sonde de femme, il y a une sonde pour homme et femme. Voici les modifications que ce changement apporte dans les prix.

	fr.	c.	fr.	c.
Instruments au poli ordinaire..	32	» à	35	»
Manches en ivoire ou en corne noire, instruments au beau poli..	45	» à	50	»
Manches en écaille id.	50	» à	55	»
id. instruments en argent. ...	117	» à	127	»
Manches id. ou en nacre, id. en vermeil. ..	200	» à	220	»

TROUSSE N° 6.

N° 1. — 4 bistouris.
  2. — 2 paires de ciseaux.
  3. — 1 pince à pansements.
  4. — 1 pince à artères.
  5. — 1 sonde cannelée.
  6. — 1 spatule.
  7. — 3 stylets.
  8. — 1 sonde pour homme et femme.
  9. — 1 sonde de Belloc.
 10. — 1 rasoir.
 11. — 1 porte-pierre.
 12. — la trousse.

	fr.	c.	fr.	c.
Cette trousse, avec instruments au poli ordinaire. ..	40	» à	44	»
La même, manches en ivoire ou en corne noire, instruments au beau poli.	52	» à	55	»
La même, manches en écaille, id.	60	» à	65	»
La même, id. instruments en argent.	132	» à	142	»
La même, id. en nacre, instruments en vermeil.	215	» à	240	»

TROUSSE N° 7.

N° 1. — 5 bistouris.
  2. — 2 paires de ciseaux.
  3. — 1 pince à pansements.

N° 4. — 1 pince à artères.
   5. — 1 spatule.
   6. — 4 stylets.
   7. — 2 sondes cannelées.
   8. — 1 sonde pour homme et pour femme.
   9. — 1 sonde de Belloc.
  10. — 1 sonde de poitrine.
  11. — 1 rasoir.
  12. — 1 tenaculum.
  13. — 1 érigne.
  14. — 1 aiguille à séton.
  15. — 1 trocart explorateur.
  16. — 1 porte-pierre.
  17. — la trousse.

	fr.	c.	fr.	c.
Cette trousse, avec instruments au poli ordinaire....	55	» à	60	»
La *même*, manches en corne noire ou en ivoire, instruments au beau poli.	72	» à	78	»
La *même*, manches en écaille, instruments au beau poli.	86	» à	95	»
La *même*, *id.* *id.* en argent. .	170	» à	190	»
La *même*, *id.* ou en nacre, *id.* en vermeil..	250	» à	280	»

TROUSSE N° 8.

N° 1. — 7 bistouris.
   2. — 3 paires de ciseaux.
   3. — 1 pince à pansements.
   4. — 1 pince à artères.
   5. — 1 pince à torsion.
   6. — 1 pince-érigne.
   7. — 1 pince porte-charpie de M. Ricord.
   8. — 1 spatule. ....
   9. — 5 stylets. . . .
  10. — 2 sondes cannelées.
  11. — 1 sonde pour homme et pour femme.
  12. — 1 sonde de Belloc.
  13. — 1 sonde de poitrine.
  14. — 1 rasoir.
  15. — 1 tenaculum.
  16. — 1 érigne.
  17. — 1 aiguille à séton.
  18. — 1 trocart explorateur.
  19. — 1 aiguille d'A. Cooper.
  20. — 1 pharyngotome.
  21. — 1 porte-pierre.
  22. — la trousse.

	fr.	c.	fr.	c.
Cette trousse, avec instruments au poli ordinaire.. .	105	» à	115	»
La *même*, manches en corne noire ou en ivoire, instruments au beau poli.	135	» à	145	»
La *même*, manches en écaille, instruments au beau poli.	150	» à	160	»
La *même*, *id.* instruments en argent.	280	» à	310	»
La *même*, *id.* ou en nacre, instruments en vermeil..	440	» à	480	»

TROUSSES DE SAGE-FEMME.

TROUSSE N° 1.

N° 1. — 2 lancettes en corne.
   2. — 1 paire de ciseaux en acier.
   3. — 1 sonde cannelée, *id.*

N° 4. — 1 sonde de femme, en argent.
   5. — 1 tube laryngien,   *id.*
   6. — 1 porte-pierre, avec étui en ébène.
Trousse toute en maroquin.   fr. c. fr. c.
Prix total. . . . . 16 » à 20 »

TROUSSE N° 2.

N° 1. — 2 lancettes en écaille.
   2. — 1 paire de ciseaux en acier.
   3. — 1 sonde cannelée, en argent.
   4. — 1 sonde de femme,   *id.*
   5. — 1 tube laryngien,   *id.*
   6. — 1 porte-pierre, avec étui en corne.
Trousse en maroquin, l'intérieur en velours.
Prix total. . . . . 24 » à 30 »

TROUSSE N° 3.

N° 1. — 2 lancettes en écaille.
   2. — 1 paire de ciseaux en acier.
   3. — 1 sonde cannelée en argent.
   4. — 1 sonde de femme,   *id.*
   5. — 1 tube laryngien,   *id.*
   6. — 1 bistouri, manche en écaille.
   7. — 1 porte-pierre, en argent.
Trousse en maroquin, l'intérieur garni en velours.
Prix total. . . . . 30 » à 36 »

TROUSSE N° 4.

N° 1. — 2 lancettes en écaille.
   2. — 1 paire de ciseaux en argent.
   3. — 1 sonde cannelée,   *id.*
   4. — 1 sonde de femme,   *id.*
   5. — 1 tube laryngien,   *id.*
   6. — bistouri, manche en écaille.
   7. — porte-pierre en argent et à crayon.
Trousse en maroquin, l'intérieur garni en velours.
Prix total. . . . . 44 » à 50 »

TROUSSES VIDES.

Je ne puis mentionner ici toutes les variétés que présente cet article. On peut lui donner tout le luxe désirable. Ce luxe est, d'ailleurs, toujours proportionné à la richesse des instruments. Je n'indiquerai que les modèles qui sont d'une vente générale.

TROUSSES A HUIT PLACES.

	fr. c.	fr. c.
Trousse toute en maroquin, fermoir en maillechort. . .	2 50 à	3 50
Trousse en maroquin, l'intérieur en velours, *id.*	5 » à	7 »
Trousse en cuir du Levant, ou de Russie, l'intérieur en velours, fermoir en maillechort ou en argent.	8 » à	14 »

TROUSSES A DOUZE PLACES.

	fr. c.	fr. c.
Trousse toute en maroquin, fermoir en maillechort. . .	3 » à	4 50
Trousse en maroquin, l'intérieur en velours, fermoir en maillechort.	6 » à	8 »
Trousse en cuir du Levant, ou de Russie, l'intérieur en velours, fermoir en maillechort ou en argent.	8 50 à	14 »

TROUSSES A QUINZE PLACES.

	fr. c.		fr. c.
Trousse toute en maroquin, fermoir en maillechort. . .	4 »	à	6 »
Trousse en maroquin, l'intérieur en velours, id. . . .	8 »	à	12 »
Trousse en cuir du Levant, ou de Russie, l'intérieur en velours, fermoir en maillechort ou en argent. . . .	10 »	à	16 »

TROUSSEL A DIX-HUIT PLACES.

	fr. c.		fr. c.
Trousse toute en maroquin, fermoir en maillechort. . .	4 50	à	7 »
Trousse en maroquin, l'intérieur en velours, fermoir en maillechort.	9 »	à	14 »
Trousse en cuir du Levant, ou de Russie, l'intérieur en velours, fermoir en maillechort ou en argent. . . .	11 »	à	18 »

TROUSSES A VINGT ET UNE PLACES.

	fr. c.		fr. c.
Trousse toute en maroquin, fermoir en maillechort. . .	5 »	à	8 »
Trousse en maroquin, l'intérieur en velours, fermoir en maillechort.	11 »	à	15 »
Trousse en cuir du Levant, ou de Russie, l'intérieur en velours, fermoir en maillechort ou en argent. . . .	12 »	à	20 »

On fabrique des trousses à un plus ou moins grand nombre de places, suivant la quantité d'instruments qu'on désire. Je le répète, c'est un article qui varie suivant les goûts de chacun; je me conformerai toujours aux demandes qui me seront faites.

Il existe dans toutes les trousses une poche spéciale pour les lancettes, les aiguilles à suture et les fils.

LANCETTIERS.

	fr. c.		fr. c.
N° 1. — Lancettier en carton, couvert en peau.	1 »	à	1 50
2. — id. porte-feuille tout en peau.	1 25	à	1 50
3. — id. maroquin, doublé en soie.	2 »	à	2 50
4. — id. en cuir du Levant. . .	2 50	à	3 »
5. — id. en bois de palissandre, ébène et autres, cerclé en grillé, en maillechort goupillé.	1 50	à	2 »
6. — Lancettier en maillechort, à 2 places.	4 »	à	5 »
7. — id. à 4 places.	5 »	à	6 »
8. — id. à 6 places.	7 »	à	8 »
9. — id. en argent, à 2 places.	9 »	à	15 »
10. — id. à 3 places.	12 »	à	20 »
11. — id. à 4 places.	14 »	à	22 »
12. — id. à 6 places.	14 »	à	24 »
13. — id. en vermeil, à 2 places.	12 »	à	18 »
14. — id. à 3 places.	15 »	à	25 »
15. — id. à 4 places.	18 »	à	30 »
16. — id. à 6 places.	25 »	à	35 »

Je ne crois pas nécessaire de mentionner les lancettiers d'un plus grand luxe; ce sont alors des objets de fantaisie qui peuvent varier suivant les désirs de chacun.

STÉTHOSCOPES.

	fr. c.		fr. c.
N° 1. — Stéthoscope de Laennec, bois de cèdre.	1 75	à	2 »
2. — id. de M. Piorry, id. et plaque d'ivoire. . .	2 75	à	3 25
3. — id. id. bois d'ébène et plaque d'ivoire. . .	3 50	à	4 »
4. — id. id. modifié.	3 50	à	5

				fr. c.		fr. c.	
Nᵒ 5. —	Stéthoscope de M. Louis, bois de cèdre. . .			2 25	à	2 75	
6. —	id.	id.	ébène. . .	3	»	à 3 50	
7. —	id.	de M. Trousseau, bois de cèdre. . .		2	»	à 2 75	
8. —	id.	id.	ébène. . .	3	»	à 3 50	
9. —	id.	de M. Gendrin, bois de cèdre. . .		2 25	à	2 50	
10. —	id.	id.	ébène. . .	3	»	à 3 50	
11. —	id.	de M. Colombat (de l'Isère). . . .		5	»	à 8 »	
12. —	id.	de M. Fauvel, bois de cèdre. . .		1 50	à	1 75	
13. —	id.	id.	ébène. . .	2 25	à	3 »	
14. —	id.	de M. Depaul, bois de cèdre. . .		2 50	à	3 »	
15. —	id.	id.	ébène. . .	3 50	à	4 »	
16. —	id.	de M. Landouzy.		2	»	à 3 »	
17. —	id.	de M. Nauche.		6	»	à 10 »	

PLESSIMÈTRES.

Plessimètres de M. Piorry, en ivoire, à oreilles, de *divers* modèles.	1 75	à	2 25	
Les mêmes, gradués.	2 25	à	2 75	
Plessimètres en métal.	2 50	à	3 »	
Id. garnis en caoutchouc.	3	»	à 5 »	
Id. tout en caoutchouc.	» 50	à	1 »	

VENTOUSES A POMPE,

MODIFIÉES PAR CHARRIÈRE.

Les ventouses à pompe offraient, à leur origine, plusieurs inconvénients qui en faisaient généralement négliger l'emploi, et qu'on s'est appliqué à faire disparaître, surtout depuis quelques années. Ces inconvénients consistaient principalement dans le dérangement continuel de ces appareils, dérangement produit par un vice de confection des soupapes, et par la complète inexactitude du jeu du piston.

Autrefois les soupapes étaient faites avec un morceau de baudruche appliqué sur une large surface, et sur lequel on pratiquait trois incisions, à travers lesquelles s'opéraient l'introduction et la sortie de l'air ; mais, d'un côté, la baudruche se putréfiait bientôt par son contact avec les corps gras, ou bien les incisions en détruisaient promptement le tissu, et, de l'autre, la large surface sur laquelle elle était appliquée devenait le réceptacle de toutes les malpropretés que la pompe pouvait aspirer ; malpropretés qui ne pouvaient, d'ailleurs, être enlevées sans détruire la soupape.

En 1831, M. Russel, professeur de physique à Édimbourg, me communiqua ses idées sur les soupapes, et me proposa de les confectionner de la manière suivante : La baudruche est remplacée par un ruban de soie gommée, très-étroit, appliqué une petite surface légèrement arrondie sur ses bords, et disposée de manière à conserver parfaitement libres les parties latérales par où s'introduit l'air. Cette disposition dispense de pratiquer des incisions, et conserve par là au tissu toute son intégrité (1). Ainsi confectionnées, les soupapes ne se détériorent plus, les malpropretés y séjournent beaucoup moins ; et, d'ailleurs, rien n'est plus facile que de les enlever sans détruire le ruban de soie.

Ces avantages, qui ont maintenant été sanctionnés par une expérience de plusieurs années, seront facilement appréciés.

Les pompes ont fixé mon attention d'une manière toute particulière. Ici,

(1) Si l'on voulait se dispenser de la pompe, et aspirer l'air avec la bouche, au moyen d'une embouchure en ivoire montée d'un tuyau flexible, on pourrait appliquer cette soupape immédiatement sur le verre, comme M. le docteur Bossu l'a déjà proposé.

en effet, les inconvénients des pistons ordinaires étaient trop évidents pour ne pas être reconnus par tout le monde. L'expérience me permet d'affirmer aujourd'hui que j'ai fait disparaître ces inconvénients d'une manière tout à fait satisfaisante, et cela à l'aide d'un mécanisme très-simple que j'ai appliqué, du reste, à toutes les espèces de pompes et seringues, comme je l'ai exposé dans une note détaillée sur ce sujet, adressée à l'Adémie royale de médecine de Paris, le 19 novembre 1839. Voici en quoi consiste la modification que j'ai apportée dans la confection des pistons.

Mes pistons sont garnis d'une rondelle en cuir, rabattue sur une garniture élastique, qui s'ouvre d'autant plus que l'aspiration est plus grande. Par ce procédé, plus le piston est attiré avec force pour aspirer l'air, plus il s'applique de toutes parts contre le corps de pompe par un développement que l'on peut comparer à celui du parachute. Ces simples détails suffisent pour faire comprendre que, même avec les corps de pompe le plus irrégulièrement calibrés, les mouvements du piston doivent être très-faciles et d'une présicion remarquable ; d'ailleurs, comme je l'ai déjà dit, l'expérience est venue confirmer d'une manière absolue la supériorité de ces pistons.

Il y a peu de temps encore, on éprouvait une certaine difficulté pour démonter le piston, qui n'offrait pas de prise. Pour faire disparaître cette difficulté, j'ai placé sur la tige de mes pistons une traverse qui sert de point d'appui, et j'ai pratiqué sur la plaque une rainure qui facilite le démontage, à l'aide d'une simple lame de couteau, de ciseaux ou autre; la même disposition se trouve à l'extrémité de la pompe.

Pour donner aux appareils à ventouse un ensemble de perfection désirable, j'ai fait quelques autres modifications beaucoup moins importantes, sans doute, que les précédentes, mais qui cependant me paraissent assez utiles pour être mentionnées ici.

Avec les appareils anciens, il fallait prendre les plus grandes précautions pour ne pas communiquer au malade les mouvements du jeu du piston. M. Russel avait tâché d'obvier à cet inconvénient en proposant un récipient dans lequel on faisait le vide, pour le transmettre ensuite aux verres à ventouses, sans être obligé de pomper chaque fois sur le malade lui-même. Pendant quelque temps on a fait usage de ce procédé que j'avais appliqué d'après l'idée du professeur d'Édimbourg. Mais, outre que ces récipients étaient plus ou moins volumineux, et par cela même embarrassants, ils compliquaient encore l'appareil. J'ai pensé qu'on obtiendrait, avec plus de simplicité le résultat recherché par M. Russel, en interposant entre le verre et la pompe un tuyau flexible qui permet, de plus, d'agir à une certaine distance, circonstance qui peut trouver une application utile dans plusieurs cas.

Les verres à ventouses étaient adaptés au robinet au moyen d'un montage à vis. J'ai rendu ces deux pièces adhérentes. D'un autre côté, le robinet s'unissait à la pompe à l'aide d'un second montage à vis. J'ai fait disparaître ce mode d'union qui offre quelques difficultés et certains inconvénients qu'il est facile de prévoir ; je lui ai substitué un montage à frottement qui est sans contredit plus simple et tout aussi sûr, puisque je fais confectionner les extrémités des deux pièces d'une égale grosseur. Il suffirait d'ailleurs d'ajouter ou de retrancher quelques fils cirés pour augmenter ou diminuer le frottement.

Si, à ces divers avantages, on joint la réduction que j'ai faite sur le prix de ces appareils, on ne sera point étonné que mon système de ventouses à pompe, qui n'est d'ailleurs qu'une application de celui que j'ai adopté pour toutes les pompes et seringues en général, ait reçu l'approbation de tous les hommes compétents en pareille matière.

Le prix des anciennes ventouses à pompe, avec un seul verre, était de 25 à 30 fr.

Celles que je confectionne depuis plus de cinq ans, et dont je viens de mentionner les avantages, avec le tuyau élastique et un verre muni de son robinet, ne coûtent que 16 fr.

Voici, du reste, le prix courant de chacune des pièces de l'appareil :

1. Le corps de pompe en cuivre, avec nouveau piston   fr. c.   fr. c.
   en parachute (modèle Charrière).......... 9 » à 10 »
2. *Le même*, en maillechort.............. 13 » à 14 »
3. Le tuyau élastique, avec les garnitures en cuivre.... 2 50 à 3 »
      Idem.   *id.*   en maillechort. 3 50 à 4 »
4. Verres de différentes formes et de différentes grandeurs, avec robinet en cuivre; la pièce...... 2 50 à 5 »
5. *Les mêmes*, avec le robinet en maillechort....... 4 » à 4 50

Les pompes peuvent être faites en argent ou en tout autre métal.

L'appareil est ordinairement renfermé dans une boîte compartimentée à l'intérieur, du prix de 6 à 15 fr. et au delà.

Les prix que je viens d'indiquer subiraient une réduction si l'on voulait des appareils d'un fini moins parfait.

Tel est l'appareil moderne. Il me reste à mentionner le prix des pièces qui composent l'appareil ancien.

ANCIEN APPAREIL DE VENTOUSES.

1. Verres simples de différentes grandeurs, la pièce.. » 40 à » 60
2. Lampe à alcool, en cuivre............... 3 50 à 4 »
3.   *Idem.*   en maillechort........... 6 » à 15 »
4. Flacon rempli d'alcool............... » » 2 50

Ces pièces sont ordinairement renfermées dans une boîte compartimentée à l'intérieur, du prix de 6 à 15 fr. et au delà, suivant le luxe et la quantité de verres. Dans ces boîtes, comme dans les précédentes, on place un ou plusieurs scarificateurs.

Pour empêcher le contact du feu avec la surface de la peau, M. le doct. Rousseau a placé dans le verre une espèce de grille qui se trouve suspendue dans son milieu.

Tout récemment, quelques médecins m'ont commandé un modèle de ventouses pour le col de l'utérus. Le prix en est de   7 à 9 fr.

GRANDES VENTOUSES JUNOD.

Appareil n° 1, pour un membre inférieur.

1 Cylindre en cuivre terminé en forme de *botte*, dans lequel on peut placer le pied et la jambe, jusqu'au dessus du genou, et pouvant servir à toutes les tailles.

Le prix d'une botte est de.................. 30 fr.

Le sommet de cette botte est disposé pour recevoir un manchon en gomme. Cette botte a subi de nombreuses modifications; un certain degré de force a été ménagé dans quelques-unes de ses parties, sans en augmenter le poids, tout en donnant à la botte une solidité que la pratique m'a fait reconnaître indispensable.

Si l'on devait se servir de la botte pour un sujet de petite taille, on placerait au fond un tampon qui en diminuerait la profondeur.

1 Manchon en gomme, que l'on monte au sommet de la botte.. 14

Les manchons sont de trois numéros, pour les différentes grosseurs des membres; le n. 1 est le plus petit; le n. 2, le moyen; et le n. 3, le plus gros. Ces trois grosseurs sont disposées pour aller sur la même botte; l'intérieur est un tissu élastique recouvert de gomme sur toutes ses faces, ce qui permet la dilatation, sans nuire à la solidité; ceux en gomme sans tissu se dilatent, mais inégalement, et crèvent souvent sous une pression peu considérable, ce qui est un grave inconvénient, surtout lorsqu'on est éloigné du fabricant.

1 Bracelet métallique, servant à maintenir fixé sur la botte, à l'aide d'une vis, le manchon en gomme........... 8

L'emploi de ce bracelet métallique rend l'application du manchon très-facile; du reste tout, dans cet appareil, a été disposé pour en rendre l'emploi accessible à toutes les personnes qui n'en font pas un usage fréquent.

1 Robinet que l'on monte à vis sur la botte.......... 4
1 Pompe avec piston en parachute de Charrière........ 33
1 Tuyau élastique, garni en cuivre à chaque bout, pour assem-
   bler la pompe avec la botte................ 5

Prix de l'Appareil n° 1.... 94

Appareil n° 2, servant pour un membre inférieur et un membre supérieur.

Il se compose des mêmes pièces que le n° 1, et en plus, des pièces suivantes :

1 Cylindre pour bras	14 f.
1 Manchon pour le cylindre	12
1 Bracelet métallique	8
1 Robinet	4
1 Tuyau élastique	5
Disposition de la pompe, pour recevoir un robinet, afin de pouvoir agir simultanément sur la botte et sur le cylindre, en plus	10

53 fr.

NOTA. *Le cylindre pour bras, pourrait tenir lieu de botte, si l'on opérait sur de jeunes enfants.*

Appareil n° 3, servant pour les deux membres inférieurs.

1 Botte	30
1 Manchon	14
1 Bracelet métallique	8
1 Robinet	4
1 Tuyau élastique	5

61

Appareil n° 4, servant pour les deux membres inférieurs, et pour un membre supérieur.

Il se compose des appareils n°ˢ 1, 2 et 3; prix . . . . 208 fr.

Appareil n° 5, servant pour les quatre membres à la fois.

Il se compose des appareils n°ˢ 1, 2 et 3, et en plus :

1 Cylindre pour bras	14
1 Manchon	12
1 Bracelet métallique	8
1 Robinet	4
1 Tuyau élastique	5
1 Manomètre et son robinet, monté sur la pompe (1) . . .	15

58

Au lieu d'un seul manchon pour botte ou cylindre, on prend souvent les trois numéros, afin de pouvoir les changer suivant la grosseur des membres.

Prix de chacune des cinq compositions d'appareils ci-dessus :

Appareil n° 1.	94 fr.
— n° 2, composé des appareils n°ˢ 1 et 2	147
— n° 3, composé des appareils n°ˢ 1 et 3	155
— n° 4, composé des appareils n°ˢ 1, 2 et 3	208
— n° 5, composé des appareils n°ˢ 1, 2, 3 et 5.	266

SCARIFICATEURS À RESSORT MODIFIÉS PAR CHARRIÈRE.

Depuis quelques années on s'est occupé à donner aux scarificateurs à ressort un degré de perfection qu'ils étaient loin d'avoir. En Angleterre surtout on a apporté dans la confection de ces instruments des modifications avantageuses. C'est à Londres, je crois, qu'ont été fabriqués les premiers scarificateurs à lames divergentes, dont l'utilité est généralement appréciée par MM. les médecins. Cependant, il faut le dire, ces scarificateurs offrent encore un grand inconvénient provenant de la disposition du ressort qui se brise avec une facilité telle, que plusieurs chirurgiens m'ont dit avoir renoncé à faire usage de ces instruments. La destruction fréquente de ces ressorts est d'ailleurs très-facile à concevoir ; c'est une simple tige élastique dont l'action est tout entière concentrée sur un très-petit espace. C'est, sans doute, dans le but de pouvoir agrandir cet espace et par cela même de donner plus d'élasticité au ressort, que nos confrères d'Angleterre donnent aux caisses des scarificateurs des dimensions consi-

(1) Lorsque les quatre appareils sont appliqués, on emploie ordinairement le manomètre.

dérables qui constituent un autre désavantage, sans remédier d'une manière satisfaisante à l'inconvénient qu'on se propose de faire disparaître. Quant à moi, je crois être parvenu, à l'aide d'un mécanisme très-simple, à donner au ressort des scarificateurs un degré de solidité et de souplesse qui les rend d'une supériorité incontestable. J'ai remplacé les deux ressorts ordinaires par deux lames d'acier de la longueur de 10 à 11 centimètres, roulées sur elles-mêmes à la manière d'un ressort de pendule ; de telle sorte que ces deux ressorts occupent un très-petit espace, et qu'on peut leur donner tout le degré d'élasticité désirable. A l'aide de ce mécanisme, il n'est plus nécessaire d'employer de l'huile pour faire fonctionner l'appareil ; le ressort a une force *constante*, et les scarificateurs sont très-faciles à armer. J'ajouterai que les nouveaux ressorts ne portant plus directement, comme les anciens, sur les engrenages, ceux-ci sont moins fréquemment détruits.

Depuis que je confectionne ainsi les scarificateurs, je n'ai jamais plus reçu aucune plainte de MM. les médecins.

Avant de faire connaître le prix des nouveaux scarificateurs à ressort, je crois devoir indiquer le moyen de les *démonter* et de les *nettoyer* facilement.

Pour enlever le couvercle de la caisse, il faut dévisser deux vis d'acier qui se trouvent sur ses côtés ; ces deux vis sont maintenues par un point d'arrêt qui les empêche de se détacher complètement. Cela fait, on arme à moitié course les lames, on ouvre une petite porte située sur une des parois de la caisse de l'instrument ; dès lors on peut retirer librement les deux arbres sur lesquels les lames sont placées.

Pour nettoyer les lames, on passe à plusieurs reprises sur elles un morceau de moelle de sureau, qui a la propriété d'enlever tout le sang sans endommager leur tranchant (1). On pourrait, à la rigueur, faire ce nettoyage sans retirer les lames de la caisse ; il suffirait alors de les faire saillir au plus haut degré en tournant un bouton placé sur la paroi inférieure de la caisse, à côté de la détente, et qui est destiné à graduer leur élévation. En pareil cas, il faudrait avoir soin d'incliner un peu le scarificateur, pour que les débris de la moelle ne s'introduisissent pas dans la caisse de l'instrument. Il existe quelques autres moyens de nettoyage ; mais celui-ci, je crois, doit être préféré ; aussi je ne manque jamais de joindre à tous les scarificateurs que je livre un morceau de moelle de sureau.

Les scarificateurs à ressort se vendent encore en Angleterre 50 fr.

Je suis parvenu à pouvoir diminuer considérablement le prix de ces instruments, comme on va le voir dans la liste suivante :

PRIX-COURANT DES SCARIFICATEURS A RESSORT.

			fr.	c.	fr.
N° 1. Scarificateur simple, à 5 lames, caisse en cuivre. . . .			6	» à	7
2.	*Id.*	*Id.* caisse en maillechort .	9	» à	11
3.	*Id.*	à 8 lames, caisse en cuivre. . . .	9	» à	11
4.	*Id.*	*Id.* caisse en maillechort .	12	» à	14
5.	*Id.*	à 12 lames, caisse en cuivre. . . .	11	» à	13
6.	*Id.*	*Id.* caisse en maillechort .	14	» à	16
7.	*Id.*	à 16 lames, caisse en cuivre. . . .	13	» à	15
8.	*Id.*	*Id.* caisse en maillechort. .	17	» à	19
9. Scarificateur à lames divergentes (modèle Charrière),					
		à 8 lames, caisse en cuivre. . . .	11	» à	13
10.	*Id.*	*Id.* caisse en maillechort.	14	» à	16
11.	*Id.*	à 12 lames, caisse en cuivre. . . .	14	» à	16
12.	*Id.*	*Id.* caisse en maillechort.	17	» à	19
13.	*Id.*	à 16 lames, caisse en cuivre. . . .	17	» à	19
14.	*Id.*	*Id.* caisse en maillechort .	20	» à	23

(1) Cette moelle est très-commune. On en trouve chez tous les quincailliers et chez tous les horlogers.

*Lames de rechange servant également pour les scarificateurs simples
et pour ceux à lames divergentes.*

		fr. c.	fr. c.
Une rangée de 5 lames, avec l'arbre		3 » à	4 »
Id. de 8 lames, id.		3 50 à	4 50
Id. de 12 lames, id.		4 50 à	5 50
Id. de 16 lames, id.		5 50 à	6 50

AUTRES MODÈLES DE SCARIFICATEURS.

Scarificateur de M. le baron Larrey, châsse en corne noire.		3 50 à	5 »
Id. châsse en ivoire		4 50 à	5 50
Id. châsse en écaille		5 50 à	6 50
Scarificateur de M. Pasquier, à 8 lames, caisse en maille-chort		35 » à	40 »
Id. à 12 lames, id.		40 » à	45 »
Scarificateur en maillechort (modèle Charrière) à 8 lames.		20 » à	25 »
Id. id. à 12 lames.		25 » à	30 »

Lames de rechange pour ces deux derniers modèles.

Une rangée de 8 lames		7 » à	10 »
Id. de 12 lames		11 » à	13 »
Scarificateur pour les gencives, châsse en corne noire.		2 50 à	3 50
Id. châsse en ivoire		3 » à	5 »
Id. châsse en écaille		4 » à	6 »
Scarificateur (modèle de M. Gilgencrantz), avec son étui.		15 » à	18 »

Les scarificateurs sont ordinairement placés dans les boîtes à ventouses qui offrent pour eux une case spéciale. Cependant, lorsqu'on les demande séparément, je les renferme dans des étuis du prix de. . 2 » à 5 ».

Le prix de tous les scarificateurs que je viens d'indiquer pourrait subir une réduction, si, tout en conservant à ces instruments leur perfection sous le rapport opératoire, on se contentait de moins de fini dans leur fabrication.

OBJETS DIVERS.

Instruments de chirurgie, en tous genres.

Instruments de chirurgie vétérinaire.

Instruments pour l'histoire naturelle.

Instruments de jardinage.

———

Cornets acoustiques.
Cordons porte-voix (modèle Charrière).
Seringues, Pompes, Clysopompes, etc.
Ventouses de M. Junod.
Appareils fumigatoires.
Appareils pour bains locaux (Mayor).
Appareils pour bains de vapeurs.
Appareil incubateur de M. J. Guyot.
Appareils à irrigation.
Compresseurs *de tous modèles.*
Rigocéphale de M. le docteur Blatin.
Brosses pour frictions.
Camisoles de force.

Instruments pour l'entretien de la propreté de la bouche.
Yeux artificiels.
Plaques à cautères.
Appareils pour les cors aux pieds.
Coutellerie de table.
Coutellerie de cuisine.
Couteaux.
Rasoirs.
Cuirs à rasoir, nouveaux affiloirs.
Canifs.
Ciseaux.
Tire-bouchons.
Nécessaires de voyage et de toilette.
Nécessaires à ouvrages de broderie, etc., etc.

Giberne-Trousse pour MM. les Vétérinaires militaires, d'après les indications de M. le professeur Renault, et adoptée par M. le Ministre de la Guerre.

FILIÈRE CHARRIÈRE.

Il est peu de médecins, surtout ceux qui habitent la province, qui n'aient souvent éprouvé les plus grandes difficultés pour se procurer des sondes et des bougies d'un volume parfaitement égal à celui qu'ils désiraient. Nous-même, nous étions le plus ordinairement dans l'embarras pour pouvoir satisfaire d'une manière tout à fait exacte aux demandes qui nous étaient faites ; de là des méprises incessantes qui contrariaient à la fois et le médecin et le fabricant. Ce que je dis de MM. les médecins s'applique encore mieux aux personnes du monde. Ces méprises provenaient sans doute de ce qu'on ne possédait pas une mesure générale, c'est-à-dire de ce que la filière du fabricant était loin de correspondre toujours parfaitement avec celle des demandeurs.

Pour faire disparaître cet état de choses, il fallait nécessairement confectionner une filière qui, par ses divisions et par la parfaite régularité de sa gradation, pût servir de guide sûr et certain. Pour cela, j'ai fabriqué une matrice qui donne sous ces rapports toutes les garanties désirables, puisque c'est sur elle que sont découpées toutes les filières qui sortent de mes ateliers.

Cette filière, dont je donne ici la figure, est percée de trente trous qui servent à prendre la mesure du volume des sondes ou des bougies. A chacun de ces trous correspondent deux numéros. Le numéro supérieur indique le numéro d'ordre, l'inférieur exprime le diamètre de la sonde.

On voit, d'après la figure, que j'ai divisé ma filière par tiers de millimètre. Cette division remplira, je pense, toutes les indications.

Dans les demandes qui me seront faites, soit de sondes, soit de bougies, il suffira d'indiquer le numéro que l'on désire pour être certain d'avoir les instruments de son choix.

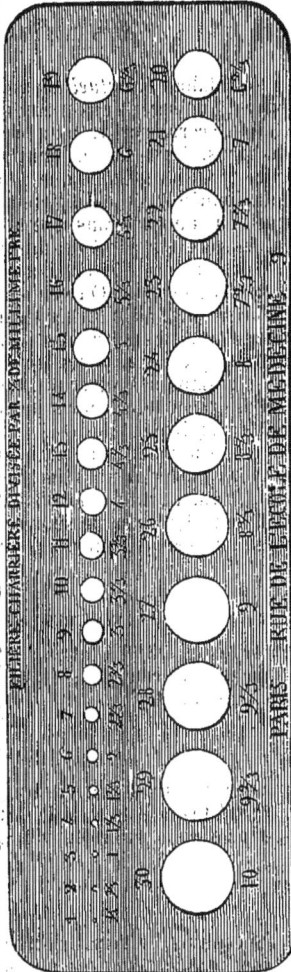

PRIX DE LA FILIÈRE CHARRIÈRE.

Filière en maillechort. . . . . 4 fr.
Filière en argent. 10

Cette filière pourra trouver plusieurs autres applications : telle est, par exemple, la mesure des canules à trachéotomie pour les différents âges, etc. J'indiquerai ces applications à mesure qu'elles s'offriront à moi.

TABLE ANALYTIQUE

DES MATIÈRES CONTENUES DANS UN CATALOGUE GÉNÉRAL

DES INSTRUMENTS DE CHIRURGIE.

Ce catalogue, *actuellement sous presse*, sera divisé en plusieurs chapitres, qui seront eux-mêmes subdivisés en plusieurs sections. Chaque chapitre correspondra à une région ou à une partie plus ou moins étendue du corps. Dans les sections, nous indiquerons les instruments pour chaque opération spéciale que l'on pratique dans la région ou sur la partie mentionnée dans le chapitre correspondant. Il est bien entendu toutefois que nous ne parlerons que des opérations qui offrent des différences notables sous le rapport des instruments qu'elles réclament.

Nous ne nous faisons point illusion sur les imperfections inhérentes à cette classification. On verra même que nous avons été quelquefois obligé de la sacrifier pour conserver au catalogue toute sa clarté et toute sa simplicité. D'ailleurs, ce n'est pas ici le moment de tâcher de justifier la marche que nous avons cru devoir adopter. Nous nous expliquerons sur ce sujet dans la Préface du Catalogue.

Dans cette table, nous nous bornons à mentionner le titre des différents chapitres et des différentes sections. Pour abréger, nous indiquons le plus souvent les opérations, ou même les maladies ; car nous ne voulons parler que des instruments que chacune de ces opérations réclame. En résumé, notre seul but ici, c'est de montrer que dans le Catalogue tout sera classé avec ordre et méthode, et qu'on aura sous les yeux tous les instruments pour chaque opération.

CHAPITRE PREMIER.

INSTRUMENTS DE PREMIÈRE NÉCESSITÉ

1° Trousses ; 2° lancettes ; 3° ventouses ; 4° scarificateurs ; 5° porte-moxas ; 6° cautères ; 7° aiguilles et fil à suture ; 8° séton ; 9° vaccination, etc.

CHAPITRE II.

MALADIES DES YEUX.

1° Opérations que l'on pratique sur les paupières ; 2° fistule lacrymale ; 3° strabisme ; 4° pupille artificielle ; 5° cataracte ; A, opération par déplacement et broiement ; B, opération par extraction, etc.

CHAPITRE III.

MALADIES DE L'OREILLE.

1° Spéculum de l'oreille ; 2° cathétérisme ; 3° injections liquides et douches d'air ; 4° corps étrangers ; 5° perforation de la membrane du tympan ; 6° perforation du lobule ; 7° cornets acoustiques, etc.

CHAPITRE IV.

MALADIES DES FOSSES NASALES.

1° Opérations contre les polypes ; 2° corps étrangers ; 3° tamponnement, etc.

CHAPITRE V.

MALADIES DES LÈVRES ET DE LA BOUCHE.

1° Bec-de-lièvre ; 2° opérations sur les dents ; 3° myotomie de la langue ; 4° ligature de cet organe, etc.

CHAPITRE VI.

MALADIES DE L'ARRIÈRE-BOUCHE.

1° Staphyloraphie; 2° opérations qui se pratiquent sur les amygdales et la luette; 3° cautérisation, etc.

CHAPITRE VII.

MALADIES DE L'APPAREIL RESPIRATOIRE.

1° Trachéotomie, etc.

CHAPITRE VIII.

MALADIES DU TUBE DIGESTIF.

1° Cautérisation du pharynx; 2° corps étrangers dans le pharynx; 3° corps étrangers dans l'œsophage; 4° injections dans l'estomac; 5° hernies; 6° sutures des intestins; 7° anus contre nature; 8° rétrécissement du rectum; 9° chute du rectum, *suppositoires*; 10° excision d'une portion du rectum; 11° fistules recto-vaginales; 12° seringues et appareils à lavement de tous modèles, etc.

CHAPITRE IX.

MALADIES DE L'ANUS.

1° Fistules; 2° fissures; 3° végétations, etc.

CHAPITRE X.

MALADIES DE L'APPAREIL GÉNITO-URINAIRE
CHEZ L'HOMME.

1° Cathétérisme; 2° porte-caustique; 3° dilatateurs; 4° appareils à injections; 5° instruments explorateurs et autres; 6° taille; A, périnéale; B, sus-pubienne; 7° lithotritie; A, instruments à perforation successive, par usure à grande surface et par éclat; B, instruments à usure concentrique et écrasement par pression; C, instruments par pression et percussion; D, instruments pour extraire ou briser les calculs engagés dans l'urètre; 8° appareils contre l'onanisme; 9° urinaux de tous modèles, etc.

CHAPITRE XI.

MALADIES DE L'APPAREIL GÉNITO-URINAIRE
CHÉZ LA FEMME.

1° Spéculums de tous modèles; 2° fistules vésico-vaginales: 3° cautérisation du vagin; 4° opérations qui se pratiquent sur le col de l'utérus; 5° polypes de l'utérus; 6° injections; 7° pessaires; 8° urinaux de tous modèles, etc.

CHAPITRE XII.

ACCOUCHEMENTS.

CHAPITRE XIII.

POITRINE.

1° Extraction des corps vulnérants; 2° empyème; 3° instruments pour l'auscultation; 4° appareils pour l'allaitement artificiel, etc.

CHAPITRE XIV.

ABDOMEN.

Paracentèse.

CHAPITRE XV.

MALADIES DES BOURSES.

1° Hydrocèle; 2° varicocèle; 3° suspensoirs.

CHAPITRE XVI.

MALADIES DES MEMBRES.

1° Bandages et appareils à fracture *de tous modèles;* 2° appareils orthopédiques *de tous modèles;* 3° instruments pour les amputations; 4° membres artificiels; 5° béquilles; 6° cors aux pieds, etc.

CHAPITRE XVII.

MALADIES DES OS.

1° Trépanation; 2° résections; 3° extraction d'esquilles, de séquestres, etc.

CHAPITRE XVIII.

MALADIES DES MUSCLES, DES TENDONS ET DES LIGAMENTS.

Ténotomie.

CHAPITRE XIX.

VAISSEAUX SANGUINS.

1° Moyens hémostatiques; 2° varices, etc.

CHAPITRE XX.

ONGLES.

Opérations qui se pratiquent sur les ongles.

CHAPITRE XXI.

1° Opérations autoplastiques; 2° nez, mentons, etc., artificiels.

CHAPITRE XXII.

Bandages *de tous modèles.*

CHAPITRE XXIII.

1° Appareils incubateurs; 2° appareils contre l'asphyxie; 3° appareils pour bains locaux, soit à gaz, soit liquides; 4° appareils à fumigation, etc.

CHAPITRE XXIV.

CHIRURGIE VÉTÉRINAIRE.

CHAPITRE XXV.

OPÉRATIONS CADAVÉRIQUES.

CHAPITRE XXVI.

OBJETS DIVERS.

Coutellerie fine, etc., etc.

Commission pour tout ce qui se rattache à la chirurgie et aux sciences.

PARIS. — IMPRIMERIE DE FAIN ET THUNOT, RUE RACINE, 28, PRÈS DE L'ODÉON.

www.ingramcontent.com/pod-product-compliance
Lightning Source LLC
Chambersburg PA
CBHW070149200326
41520CB00018B/5351